800 sums

Addition and Subtraction

For mental agility and practicing your

arithmetic

A.J. Jalopnik

Cover and page design by A J Jalopnik

Published by CreateSpace

First edition published 2015 by CreateSpace

ISBN-13: 978154143063

ISBN-10: 1514143062

Introduction

This workbook provides you with **800 sums: 400** addition, and **400** subtraction. Every possible combination of the numbers **1-20** is included – repetition of some combinations in different orders has been shown to help in remembering the answer and improving arithmetic.

Sums have been placed in a random order, though the order is the same between addition and subtraction. Sums that might have come quickly the first time round suddenly become a lot harder when turned on their head!

You may wish to use a pencil to fill in the answers if you want to reuse the book, or erase any mistakes.

How this book can help you

This book can help increase your arithmetical ability, by both increasing the speed you can calculate, and by helping you memorise the most basic pieces of arithmetic.

It is well understood that by using more than one medium of learning, the chances of that learning being effective increase significantly. By both reading and writing, this learning capacity increases more than it would by simply reading, or by reading and typing.

The old maxim of "practice makes perfect" is still as applicable today, and in this situation, as it ever was — simply by repeating a task, your success rate increases, along with speed and accuracy.

Games

You may wish to play little games with the sums in this book — for example, how quickly can you complete a column, or a page?

Record your score at the bottom of each column, and see if you improve as time goes on.

Notes

Large spaces have been left for writing answers in to ensure the most comfortable writing experience for all ages and all uses of this book.

Individual pages of this book may be photocopied and used for educational purposes only – e.g. as a school worksheet.

Message from the author

Dear reader, I hope that you get as much from this method as I did. Keeping the mind sharp and agile is one goal that virtually everyone agrees is one that most of us would like to achieve, and I think this book should help you realise that goal.

- A.J. Jalopnik

ADDITION

3 + 10 = ____	19 + 3 = ____	6 + 6 = ____
17 + 16 = ____	12 + 12 = ____	6 + 18 = ____
8 + 16 = ____	19 + 4 = ____	20 + 3 = ____
18 + 18 = ____	12 + 14 = ____	8 + 13 = ____
15 + 3 = ____	18 + 1 = ____	10 + 1 = ____
17 + 17 = ____	2 + 12 = ____	1 + 7 = ____
6 + 2 = ____	1 + 17 = ____	7 + 13 = ____
11 + 12 = ____	8 + 1 = ____	15 + 13 = ____
16 + 3 = ____	18 + 9 = ____	3 + 9 = ____
11 + 16 = ____	10 + 10 = ____	13 + 11 = ____

2 + 20 = ___	8 + 8 = ___	4 + 14 = ___
19 + 20 = ___	9 + 17 = ___	4 + 19 = ___
12 + 15 = ___	16 + 15 = ___	14 + 3 = ___
17 + 9 = ___	9 + 14 = ___	6 + 12 = ___
19 + 2 = ___	19 + 19 = ___	18 + 17 = ___
12 + 20 = ___	1 + 8 = ___	13 + 2 = ___
20 + 15 = ___	8 + 7 = ___	18 + 3 = ___
3 + 8 = ___	14 + 1 = ___	5 + 2 = ___
13 + 17 = ___	16 + 1 = ___	14 + 10 = ___
15 + 12 = ___	6 + 1 = ___	20 + 8 = ___

10 + 8 = ___	1 + 1 = ___	10 + 9 = ___
1 + 10 = ___	11 + 3 = ___	11 + 14 = ___
10 + 2 = ___	4 + 16 = ___	16 + 10 = ___
9 + 2 = ___	18 + 12 = ___	18 + 7 = ___
10 + 6 = ___	5 + 16 = ___	18 + 11 = ___
16 + 5 = ___	3 + 12 = ___	14 + 18 = ___
14 + 19 = ___	6 + 15 = ___	3 + 18 = ___
3 + 7 = ___	7 + 20 = ___	8 + 5 = ___
3 + 14 = ___	20 + 13 = ___	11 + 11 = ___
9 + 9 = ___	5 + 8 = ___	1 + 19 = ___

20 + 20 = ___	11 + 17 = ___	9 + 6 = ___
5 + 3 = ___	18 + 10 = ___	16 + 18 = ___
9 + 16 = ___	3 + 6 = ___	4 + 2 = ___
3 + 16 = ___	18 + 5 = ___	16 + 9 = ___
19 + 13 = ___	12 + 19 = ___	5 + 4 = ___
7 + 6 = ___	8 + 18 = ___	4 + 17 = ___
13 + 9 = ___	8 + 15 = ___	6 + 8 = ___
18 + 16 = ___	13 + 12 = ___	11 + 15 = ___
4 + 8 = ___	3 + 15 = ___	13 + 16 = ___
8 + 6 = ___	14 + 12 = ___	20 + 4 = ___

20 + 11 = ___	16 + 12 = ___	13 + 7 = ___
3 + 3 = ___	16 + 14 = ___	9 + 13 = ___
12 + 13 = ___	4 + 11 = ___	3 + 5 = ___
19 + 14 = ___	16 + 2 = ___	11 + 9 = ___
4 + 10 = ___	9 + 11 = ___	17 + 4 = ___
8 + 10 = ___	14 + 15 = ___	3 + 17 = ___
12 + 11 = ___	19 + 8 = ___	7 + 7 = ___
15 + 7 = ___	15 + 14 = ___	1 + 20 = ___
2 + 8 = ___	19 + 11 = ___	6 + 17 = ___
17 + 11 = ___	1 + 18 = ___	16 + 8 = ___

17 + 18 = ___	20 + 19 = ___	10 + 14 = ___
2 + 3 = ___	12 + 2 = ___	17 + 12 = ___
3 + 13 = ___	6 + 5 = ___	1 + 5 = ___
5 + 10 = ___	18 + 2 = ___	5 + 11 = ___
7 + 4 = ___	17 + 6 = ___	15 + 9 = ___
11 + 19 = ___	9 + 18 = ___	19 + 5 = ___
16 + 13 = ___	10 + 5 = ___	20 + 1 = ___
4 + 7 = ___	18 + 6 = ___	20 + 10 = ___
13 + 14 = ___	19 + 10 = ___	1 + 9 = ___
5 + 13 = ___	10 + 7 = ___	2 + 10 = ___

18 + 14 = ___	17 + 15 = ___	13 + 6 = ___
18 + 20 = ___	6 + 3 = ___	15 + 6 = ___
4 + 1 = ___	19 + 7 = ___	7 + 9 = ___
20 + 16 = ___	1 + 4 = ___	11 + 4 = ___
20 + 18 = ___	8 + 3 = ___	15 + 8 = ___
6 + 20 = ___	12 + 9 = ___	14 + 8 = ___
18 + 13 = ___	12 + 6 = ___	15 + 15 = ___
2 + 2 = ___	19 + 6 = ___	10 + 17 = ___
8 + 19 = ___	2 + 7 = ___	2 + 1 = ___
14 + 17 = ___	1 + 16 = ___	3 + 1 = ___

10 + 12 = ___	2 + 19 = ___	17 + 10 = ___
15 + 2 = ___	16 + 7 = ___	17 + 19 = ___
3 + 2 = ___	19 + 17 = ___	1 + 13 = ___
2 + 15 = ___	17 + 7 = ___	7 + 15 = ___
9 + 5 = ___	9 + 19 = ___	9 + 8 = ___
16 + 16 = ___	9 + 10 = ___	14 + 11 = ___
2 + 5 = ___	12 + 18 = ___	6 + 13 = ___
12 + 4 = ___	13 + 10 = ___	17 + 13 = ___
5 + 17 = ___	5 + 7 = ___	19 + 1 = ___
11 + 10 = ___	14 + 9 = ___	10 + 19 = ___

13 + 4 = ____	8 + 14 = ____	15 + 11 = ____
12 + 3 = ____	18 + 15 = ____	14 + 13 = ____
13 + 8 = ____	4 + 3 = ____	2 + 11 = ____
1 + 6 = ____	6 + 11 = ____	7 + 17 = ____
14 + 14 = ____	7 + 5 = ____	6 + 9 = ____
14 + 20 = ____	18 + 4 = ____	13 + 13 = ____
6 + 16 = ____	8 + 11 = ____	4 + 13 = ____
20 + 17 = ____	5 + 5 = ____	13 + 20 = ____
2 + 14 = ____	12 + 8 = ____	7 + 1 = ____
9 + 3 = ____	12 + 10 = ____	16 + 4 = ____

4 + 9 = ____	20 + 5 = ____	9 + 20 = ____
6 + 10 = ____	8 + 17 = ____	10 + 13 = ____
8 + 2 = ____	1 + 2 = ____	6 + 4 = ____
11 + 1 = ____	11 + 20 = ____	11 + 18 = ____
9 + 7 = ____	3 + 11 = ____	7 + 12 = ____
2 + 13 = ____	7 + 3 = ____	8 + 4 = ____
2 + 17 = ____	3 + 19 = ____	10 + 16 = ____
10 + 3 = ____	4 + 20 = ____	15 + 19 = ____
7 + 8 = ____	7 + 18 = ____	11 + 5 = ____
19 + 9 = ____	2 + 6 = ____	15 + 5 = ____

1 + 12 = ____	15 + 10 = ____	20 + 7 = ____
2 + 9 = ____	2 + 18 = ____	6 + 19 = ____
7 + 11 = ____	4 + 4 = ____	14 + 4 = ____
12 + 16 = ____	7 + 16 = ____	4 + 6 = ____
7 + 19 = ____	16 + 19 = ____	4 + 12 = ____
9 + 4 = ____	4 + 15 = ____	8 + 12 = ____
15 + 20 = ____	4 + 5 = ____	10 + 18 = ____
10 + 4 = ____	5 + 18 = ____	16 + 20 = ____
9 + 12 = ____	16 + 11 = ____	4 + 18 = ____
13 + 19 = ____	5 + 12 = ____	15 + 4 = ____

10 + 11 = ____	3 + 4 = ____	5 + 6 = ____
5 + 20 = ____	5 + 15 = ____	5 + 9 = ____
8 + 1 = ____	14 + 6 = ____	16 + 6 = ____
17 + 14 = ____	13 + 5 = ____	12 + 1 = ____
9 + 15 = ____	12 + 5 = ____	17 + 8 = ____
17 + 5 = ____	1 + 11 = ____	15 + 16 = ____
19 + 18 = ____	5 + 1 = ____	20 + 9 = ____
16 + 17 = ____	11 + 13 = ____	11 + 7 = ____
13 + 3 = ____	17 + 3 = ____	7 + 10 = ____
17 + 20 = ____	14 + 5 = ____	12 + 7 = ____

15 + 18 = ____	2 + 4 = ____	10 + 20 = ____
18 + 19 = ____	11 + 8 = ____	20 + 2 = ____
7 + 2 = ____	17 + 2 = ____	7 + 14 = ____
19 + 16 = ____	6 + 14 = ____	5 + 14 = ____
19 + 15 = ____	15 + 1 = ____	14 + 7 = ____
1 + 15 = ____	1 + 14 = ____	12 + 17 = ____
3 + 20 = ____	10 + 15 = ____	20 + 14 = ____
14 + 16 = ____	13 + 1 = ____	5 + 19 = ____
18 + 8 = ____	2 + 16 = ____	8 + 9 = ____
13 + 15 = ____	1 + 3 = ____	11 + 6 = ____

13 + 18 = ____ | 19 + 12 = ____ | 6 + 7 = ____

15 + 17 = ____ | 20 + 6 = ____ | 17 + 1 = ____

20 + 12 = ____ | 14 + 2 = ____ | 11 + 2 = ____

WELL DONE!

You have completed ADDITION

SUBTRACTION

3 - 10 = ___	19 - 3 = ___	6 - 6 = ___
17 - 16 = ___	12 - 12 = ___	6 - 18 = ___
8 - 16 = ___	19 - 4 = ___	20 - 3 = ___
18 - 18 = ___	12 - 14 = ___	8 - 13 = ___
15 - 3 = ___	18 - 1 = ___	10 - 1 = ___
17 - 17 = ___	2 - 12 = ___	1 - 7 = ___
6 - 2 = ___	1 - 17 = ___	7 - 13 = ___
11 - 12 = ___	8 - 1 = ___	15 - 13 = ___
16 - 3 = ___	18 - 9 = ___	3 - 9 = ___
11 - 16 = ___	10 - 10 = ___	13 - 11 = ___

2 - 20 = ___	8 - 8 = ___	4 - 14 = ___
19 - 20 = ___	9 - 17 = ___	4 - 19 = ___
12 - 15 = ___	16 - 15 = ___	14 - 3 = ___
17 - 9 = ___	9 - 14 = ___	6 - 12 = ___
19 - 2 = ___	19 - 19 = ___	18 - 17 = ___
12 - 20 = ___	1 - 8 = ___	13 - 2 = ___
20 - 15 = ___	8 - 7 = ___	18 - 3 = ___
3 - 8 = ___	14 - 1 = ___	5 - 2 = ___
13 - 17 = ___	16 - 1 = ___	14 - 10 = ___
15 - 12 = ___	6 - 1 = ___	20 - 8 = ___

10 - 8 = ___	1 - 1 = ___	10 - 9 = ___
1 - 10 = ___	11 - 3 = ___	11 - 14 = ___
10 - 2 = ___	4 - 16 = ___	16 - 10 = ___
9 - 2 = ___	18 - 12 = ___	18 - 7 = ___
10 - 6 = ___	5 - 16 = ___	18 - 11 = ___
16 - 5 = ___	3 - 12 = ___	14 - 18 = ___
14 - 19 = ___	6 - 15 = ___	3 - 18 = ___
3 - 7 = ___	7 - 20 = ___	8 - 5 = ___
3 - 14 = ___	20 - 13 = ___	11 - 11 = ___
9 - 9 = ___	5 - 8 = ___	1 - 19 = ___

20 - 20 = ___	11 - 17 = ___	9 - 6 = ___
5 - 3 = ___	18 - 10 = ___	16 - 18 = ___
9 - 16 = ___	3 - 6 = ___	4 - 2 = ___
3 - 16 = ___	18 - 5 = ___	16 - 9 = ___
19 - 13 = ___	12 - 19 = ___	5 - 4 = ___
7 - 6 = ___	8 - 18 = ___	4 - 17 = ___
13 - 9 = ___	8 - 15 = ___	6 - 8 = ___
18 - 16 = ___	13 - 12 = ___	11 - 15 = ___
4 - 8 = ___	3 - 15 = ___	13 - 16 = ___
8 - 6 = ___	14 - 12 = ___	20 - 4 = ___

20 - 11 = ___	16 - 12 = ___	13 - 7 = ___
3 - 3 = ___	16 - 14 = ___	9 - 13 = ___
12 - 13 = ___	4 - 11 = ___	3 - 5 = ___
19 - 14 = ___	16 - 2 = ___	11 - 9 = ___
4 - 10 = ___	9 - 11 = ___	17 - 4 = ___
8 - 10 = ___	14 - 15 = ___	3 - 17 = ___
12 - 11 = ___	19 - 8 = ___	7 - 7 = ___
15 - 7 = ___	15 - 14 = ___	1 - 20 = ___
2 - 8 = ___	19 - 11 = ___	6 - 17 = ___
17 - 11 = ___	1 - 18 = ___	16 - 8 = ___

17 - 18 = ___	20 - 19 = ___	10 - 14 = ___
2 - 3 = ___	12 - 2 = ___	17 - 12 = ___
3 - 13 = ___	6 - 5 = ___	1 - 5 = ___
5 - 10 = ___	18 - 2 = ___	5 - 11 = ___
7 - 4 = ___	17 - 6 = ___	15 - 9 = ___
11 - 19 = ___	9 - 18 = ___	19 - 5 = ___
16 - 13 = ___	10 - 5 = ___	20 - 1 = ___
4 - 7 = ___	18 - 6 = ___	20 - 10 = ___
13 - 14 = ___	19 - 10 = ___	1 - 9 = ___
5 - 13 = ___	10 - 7 = ___	2 - 10 = ___

18 - 14 = ___	17 - 15 = ___	13 - 6 = ___
18 - 20 = ___	6 - 3 = ___	15 - 6 = ___
4 - 1 = ___	19 - 7 = ___	7 - 9 = ___
20 - 16 = ___	1 - 4 = ___	11 - 4 = ___
20 - 18 = ___	8 - 3 = ___	15 - 8 = ___
6 - 20 = ___	12 - 9 = ___	14 - 8 = ___
18 - 13 = ___	12 - 6 = ___	15 - 15 = ___
2 - 2 = ___	19 - 6 = ___	10 - 17 = ___
8 - 19 = ___	2 - 7 = ___	2 - 1 = ___
14 - 17 = ___	1 - 16 = ___	3 - 1 = ___

10 - 12 = ___	2 - 19 = ___	17 - 10 = ___
15 - 2 = ___	16 - 7 = ___	17 - 19 = ___
3 - 2 = ___	19 - 17 = ___	1 - 13 = ___
2 - 15 = ___	17 - 7 = ___	7 - 15 = ___
9 - 5 = ___	9 - 19 = ___	9 - 8 = ___
16 - 16 = ___	9 - 10 = ___	14 - 11 = ___
2 - 5 = ___	12 - 18 = ___	6 - 13 = ___
12 - 4 = ___	13 - 10 = ___	17 - 13 = ___
5 - 17 = ___	5 - 7 = ___	19 - 1 = ___
11 - 10 = ___	14 - 9 = ___	10 - 19 = ___

13 - 4 = ___	8 - 14 = ___	15 - 11 = ___
12 - 3 = ___	18 - 15 = ___	14 - 13 = ___
13 - 8 = ___	4 - 3 = ___	2 - 11 = ___
1 - 6 = ___	6 - 11 = ___	7 - 17 = ___
14 - 14 = ___	7 - 5 = ___	6 - 9 = ___
14 - 20 = ___	18 - 4 = ___	13 - 13 = ___
6 - 16 = ___	8 - 11 = ___	4 - 13 = ___
20 - 17 = ___	5 - 5 = ___	13 - 20 = ___
2 - 14 = ___	12 - 8 = ___	7 - 1 = ___
9 - 3 = ___	12 - 10 = ___	16 - 4 = ___

4 - 9 = _____	20 - 5 = _____	9 - 20 = _____
6 - 10 = _____	8 - 17 = _____	10 - 13 = _____
8 - 2 = _____	1 - 2 = _____	6 - 4 = _____
11 - 1 = _____	11 - 20 = _____	11 - 18 = _____
9 - 7 = _____	3 - 11 = _____	7 - 12 = _____
2 - 13 = _____	7 - 3 = _____	8 - 4 = _____
2 - 17 = _____	3 - 19 = _____	10 - 16 = _____
10 - 3 = _____	4 - 20 = _____	15 - 19 = _____
7 - 8 = _____	7 - 18 = _____	11 - 5 = _____
19 - 9 = _____	2 - 6 = _____	15 - 5 = _____

1 - 12 = ___	15 - 10 = ___	20 - 7 = ___
2 - 9 = ___	2 - 18 = ___	6 - 19 = ___
7 - 11 = ___	4 - 4 = ___	14 - 4 = ___
12 - 16 = ___	7 - 16 = ___	4 - 6 = ___
7 - 19 = ___	16 - 19 = ___	4 - 12 = ___
9 - 4 = ___	4 - 15 = ___	8 - 12 = ___
15 - 20 = ___	4 - 5 = ___	10 - 18 = ___
10 - 4 = ___	5 - 18 = ___	16 - 20 = ___
9 - 12 = ___	16 - 11 = ___	4 - 18 = ___
13 - 19 = ___	5 - 12 = ___	15 - 4 = ___

10 - 11 = ___	3 - 4 = ___	5 - 6 = ___
5 - 20 = ___	5 - 15 = ___	5 - 9 = ___
8 - 1 = ___	14 - 6 = ___	16 - 6 = ___
17 - 14 = ___	13 - 5 = ___	12 - 1 = ___
9 - 15 = ___	12 - 5 = ___	17 - 8 = ___
17 - 5 = ___	1 - 11 = ___	15 - 16 = ___
19 - 18 = ___	5 - 1 = ___	20 - 9 = ___
16 - 17 = ___	11 - 13 = ___	11 - 7 = ___
13 - 3 = ___	17 - 3 = ___	7 - 10 = ___
17 - 20 = ___	14 - 5 = ___	12 - 7 = ___

15 - 18 = ___	2 - 4 = ___	10 - 20 = ___
18 - 19 = ___	11 - 8 = ___	20 - 2 = ___
7 - 2 = ___	17 - 2 = ___	7 - 14 = ___
19 - 16 = ___	6 - 14 = ___	5 - 14 = ___
19 - 15 = ___	15 - 1 = ___	14 - 7 = ___
1 - 15 = ___	1 - 14 = ___	12 - 17 = ___
3 - 20 = ___	10 - 15 = ___	20 - 14 = ___
14 - 16 = ___	13 - 1 = ___	5 - 19 = ___
18 - 8 = ___	2 - 16 = ___	8 - 9 = ___
13 - 15 = ___	1 - 3 = ___	11 - 6 = ___

13 - 18 = ____ | 19 - 12 = ____ | 6 - 7 = ____

15 - 17 = ____ | 20 - 6 = ____ | 17 - 1 = ____

20 - 12 = ____ | 14 - 2 = ____ | 11 - 2 = ____

WELL DONE!

You have completed
SUBTRACTION